现代金属工艺实用实训丛书

现代钳工实用实训

（第二版）

莫守形　彭　彦　编著

西安电子科技大学出版社

图书在版编目(CIP)数据

现代钳工实用实训 / 莫守形,彭彦编著. —2 版. —西安:

西安电子科技大学出版社,2018.2(2021.10 重印)

ISBN 978-7-5606-4828-6

Ⅰ. ①现… Ⅱ. ①莫… ②彭… Ⅲ. ①钳工—高等职业

教育—教材 Ⅳ. ①TG9

中国版本图书馆 CIP 数据核字(2018)第 010779 号

策　　划	马乐惠
责任编辑	马　琼
出版发行	西安电子科技大学出版社(西安市太白南路 2 号)
电　　话	(029)88202421　88201467　　邮　编　710071
网　　址	www.xduph.com
电子邮箱	xdupfxb001@163.com
经　　销	新华书店
印刷单位	陕西天意印务有限责任公司
版　　次	2018 年 2 月第 2 版　　2021 年 10 月第 12 次印刷
开　　本	787 毫米×960 毫米　1/32　印　张　3.5
字　　数	57 千字
印　　数	37 601～42 600 册
定　　价	12.00 元

ISBN 978-7-5606-4828-6/TG

XDUP 5130002-12

如有印装问题可调换

内 容 简 介

　　本书是为高职高专工科类学生学习"钳工基本技能"、"金工基本技能"等课程编写的实训教材。本书集多位有丰富实践经验和教学经验老师之智慧，深入浅出，对钳工操作的理论和技能做了较详细的介绍，重点突出其在实践中的运用。

　　全书共分七部分，以训练项目为载体，介绍了钳工的基本操作，常用量具的使用，金属材料基本常识及热处理，公差与配合等相关知识。

前　　言

钳工已成为现代工业中一个专门的工种，尤其在模具制造、机械装配与维修中需要大量的钳工技术人员。

本书致力于"工学结合"的教学理念，以任务驱动教学为手段，以制作趣味性和实用性的工件为载体，循序渐进地训练学生的钳工基本技能。

本书图文并茂，通俗易懂，言简意赅，是读者掌握钳工技术的入门书。本书主要为高职高专院校在校学生编写，力求实用，便于自学。

由于编者水平有限，编写时间仓促，疏漏或不当之处敬请专家和读者朋友批评指正。

编　者

2017 年 12 月

现代金属工艺实用实训丛书

编委会名单

目　　录

引　言

在现代企业生产中完全依靠钳工手工制造工件的状况已经很少见了。现代企业生产产品越来越趋于多品种、中小批量的生产，越来越多地采用数控机床(CNC)、加工中心(MC)、柔性制造系统(FMS)以及计算机综合自动化制造系统(CIMS)。这些设备的运用，提高了产品的加工精度，缩短了制造周期，降低了工人的劳动强度。但是在设备维修、装配、调试和模具制造等行业中，还有大量工作需要钳工来完成，而且要求工人具有高超的钳工技能。这些钳工技能是通过勤学苦练获得的。然而钳工技能训练是枯燥乏味的，为了提高工人的训练热情，可以从制作小饰品和小工具开始，训练钳工的基本操作技能，如制作图 0-1 和图 0-2 所示的零件。

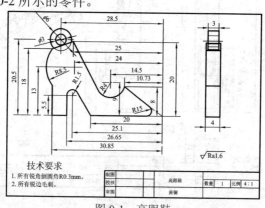

图 0-1　高跟鞋

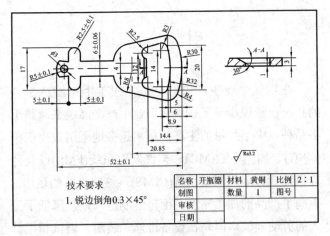

名称	开瓶器	材料	黄铜	比例	2:1
制图		数量	1	图号	
审核					
日期					

技术要求

1. 锐边倒角0.3×45°

图 0-2　开瓶器

　　当具备了一定的钳工操作基础技能后，再训练控制零件的尺寸精度、形位公差和配合零件的相互配合公差的能力，如制作图 0-3 和图 0-4 所示的零件。

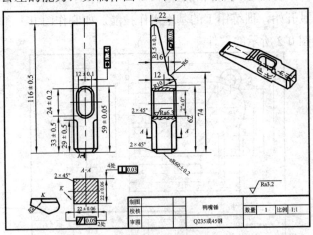

制图		鸭嘴锤		数量	1	比例	1:1
校核							
审图		Q235或45钢					

图 0-3　鸭嘴锤

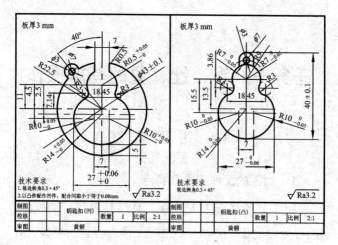

图 0-4　钥匙扣

　　通过手工制作这些零件，可以循序渐进地提高学生的钳工操作基本技能。

任务一 锯、锉、錾的基本操作

1.1 钳工概述

1. 钳工的工作范围及特点

钳工一般是指工人手持工具对材料进行切削(除层)等处理的加工方法，其主要工作内容包括划线、锯削、锉削、錾削、钻孔、扩孔、铰孔、攻丝、套丝、刮削、研磨、抛光、装配和修理等。

钳工工具简单，操作灵活，对工人技术水平要求较高，易学难精，在某些情况下可以完成用机械加工不方便或难以完成的工作。因钳工劳动强度大、生产效率低，所以常在零件的单件或小批量生产中采用。在机械制造和修配工作中，钳工仍占有十分重要的地位。

2. 钳工工作台和台虎钳

钳工大多数的操作是在钳工工作台和台虎钳上进行的。钳工工作台如图 1-1 所示，一般用坚固的木材和钢铁制成，要求牢固平稳，台面高度以 800～900 mm 为宜。为了安全生产，台面正前方常装有防护装置。

台虎钳是钳工夹持工件的主要工具，它有固定式和回转式两种。图 1-1 中所示的台虎钳是固定式的，图 1-2 中所示的台虎钳是回转式的。台虎钳的规格用钳口宽度表示，常用的为 100～150 mm。台虎钳夹持工件时，应尽可能夹在钳口中部，使钳口受力均匀；夹持完工后的工件应改用软钳口(软钳口常用铜皮或铝皮制成)以保护工件表面。

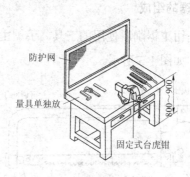

图 1-1　钳工工作台

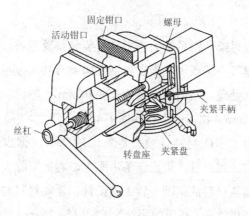

图 1-2　回转式台虎钳

1.2 锯 削

锯削是指利用手锯对原材料进行直线切削的加工方法。

1. 手锯的组成

手锯是钳工锯削所使用的工具。手锯由锯弓架和锯条组成，如图 1-3 所示。

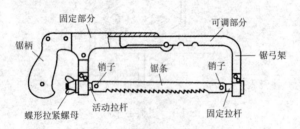

图 1-3 手锯

锯弓架 锯弓架的作用是安装和张紧锯条。

锯条 锯条用碳素工具钢(T10 或 T10A)制成，并经淬火处理。常用的锯条约长 300 mm，宽 12 mm，厚 0.8 mm。锯齿的形状如图 1-4 所示。

为了适应材料性质和锯割面的宽窄，锯齿分为粗、中、细三种。粗齿锯条齿距大，容屑空隙大，适用于锯软材料或锯剖面较大的工件。锯硬材料时，则选用细齿锯条。锯齿的粗细，通常以每 25 mm 长度内有多少齿来表示。选择锯条必须根据锯割部位材料的厚薄和软硬程度综合考虑。

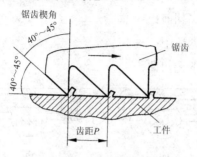

图 1-4 锯齿的形状

表 1-1 所示为锯条的分类及选择。

表 1-1 锯条的分类及选择

分类	齿距/mm	齿数/(25 mm 内)	选择条件
粗齿	>1.8	<14	锯割部位较厚、材料较软
中齿	1.1～1.8	14～22	—
细齿	<1.1	>22	锯割部位较薄、材料较硬

2. 锯削操作

1) 锯条的安装

锯割前选用合适的锯条，使锯条齿尖朝前(正确的安装方法如图 1-5(a)所示,错误的安装方法如图 1-5(b)所示)，装入夹头的销钉上。锯条的松紧程度用蝶形螺母调整。调整时，不可过紧或过松，太紧会失去应有的弹性，锯条容易崩断；太松会使锯条扭曲，锯锋歪斜，锯条也容易折断。

锯条的安装应注意以下三点：

(1) 齿尖朝前；

(2) 松紧适中；

(3) 锯条无扭曲。

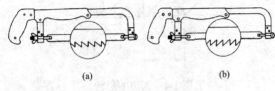

图 1-5　锯条的安装

(a) 正确；(b) 错误

2) 锯削的操作要领

(1) 锯削的握姿：右手握住锯柄，左手握住锯弓的前端，如图 1-6 所示。

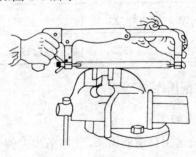

图 1-6　锯削的握姿

(2) 站姿与操作：锯削的站姿与锉削相同，左脚前右脚后，前腿弓后腿蹬。锯削的动作及操作如图 1-7 所示。推锯时，身体稍向前倾斜，利用身体的前后摆动带动手锯前后运动。推锯时，锯齿起切削作用，给以适当压力。向回拉时不切削，应将锯稍微提起，减少对锯齿的磨损。

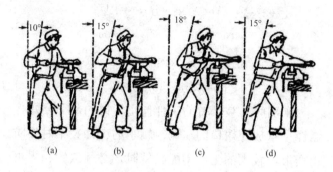

图 1-7 锯削、锉削的动作及操作

锯割时，应尽量利用锯条的有效长度。如行程过短，则局部磨损过快，会降低锯条的使用寿命，甚至因局部磨损造成锯锋变窄，锯条被卡住或折断。

(3) 起锯：起锯时，锯条垂直于工件加工表面，并以左手拇指靠稳锯条，使锯条落在所需要的位置上，右手稳推锯柄，使锯条与工件表面的倾斜角约为15°，最少要有三个齿同时接触工件。起锯时，利用锯条的前端(远起锯)或后端(近起锯)靠在一个面的棱边上起锯，如图1-8所示。起锯时来回推拉距离最短，压力要轻，这样才能使尺寸准确，锯齿容易吃进。后起锯主要用于薄板。另外，锯削时应注意推拉频率：对软材料和有色金属材料，频率为每分钟往复 50～60 次；对普通钢材，频率为每分钟往复 30～40 次。

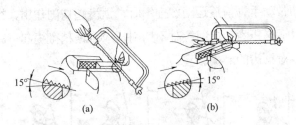

图 1-8　起锯的方法

(a) 前起锯；(b) 后起锯

锯割时，被夹持的工件伸出钳口的部分要短，锯锋尽量放在钳口的左侧，较小的工件夹牢时要防止变形，较大的工件不能夹持时，必须放置稳妥再进行锯割。割前首先在原材料或工件上划出锯割线，划线时应考虑锯割后的加工余量。锯割时要始终使锯条与所划的线重合，这样才能得到理想的锯缝。如果锯缝有歪斜，应及时纠正；若已歪斜很多，应从工件锯缝的对面重新起锯，否则很难改直，而且很可能折断锯条。临近锯断时用力要轻，以免碰伤手臂或折断锯条。

锯削圆钢、扁钢、圆管、薄板的方法如图 1-9 所示。为了得到整齐的锯缝，锯削扁钢时应在较宽的面下锯。锯削圆管时不可从上至下一次锯断，而应每锯到圆管内壁后，工件向推锯方向转一定角度再继续锯削。锯削薄板时，或用木板夹住薄板两侧，或多片重叠锯削。

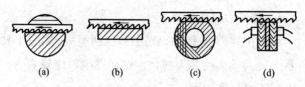

图 1-9 锯削圆钢、扁钢、圆管、薄板的方法

(a) 圆钢；(b) 扁钢；(c) 圆管；(d) 薄板

3) 锯削操作的注意事项

(1) 锯削时间过长时要加冷却液；

(2) 手不要直接和锯条接触；

(3) 取出锯条时要在运动中往上提；

(4) 不要将工件直接锯断，以免砸脚。

1.3 锉　削

锉削是用锉刀从工件表面锉掉多余的金属，使工件达到图纸上所要求的尺寸、形状和表面粗糙度。可以锉削工件外表面、曲面、内外角、沟槽、孔和各种形状相配合的表面。锉削分为粗锉削和细锉削，是用各种不同的锉刀进行操作的，其表面粗糙度值 Ra 介于 1.6～0.8 μm 之间。使用时，要根据所要求的加工精度和锉削时应留的余量来选用各种不同的锉刀。

1. 锉刀

锉刀是锉削所使用的刀具，它由碳素工具钢(T12 或 T12A)制成，并经过淬火处理。

1) 锉刀的组成

锉刀由锉刀体(锉面、锉边)和锉柄组成,如图1-10所示。锉刀的齿纹多为网状,这样锉削时比较省力,且铁屑不易堵塞锉面。

锉边　锉面　　　　　　　　锉柄

图 1-10　锉刀的组成

2) 锉刀的分类

(1) 按长度分。锉刀按长度可分为 100 mm(4")、150 mm(6")、200 mm(8")、250 mm(10")、300 mm(12")、350 mm(14")等。

(2) 按几何形状分。锉刀按其横截面形状可分为扁平形、圆形、方形、三角形、半圆形等,如图1-11所示。

图 1-11　锉刀的几何形状

(3) 按齿纹的粗细分。锉刀按齿纹的粗细可分为粗齿、中齿、细齿和最细齿四类。

3) 锉刀锉齿粗细的分类及选用

锉刀的长度按工件加工表面的大小选用，以操作方便为宜。锉刀的截面形状按工件加工表面的形状选用。锉刀齿纹粗细的选用要根据工件材料、加工余量、加工精度和表面粗糙度等情况综合考虑。粗加工或锉削铜、铝等软金属多选用粗齿锉刀，半精加工或锉削钢、铸铁多选用中齿锉刀，细齿和最细齿锉刀只用于表面最后修光。锉刀锉齿粗细的分类及选用如表 1-2 所示。

表 1-2　锉刀锉齿粗细的分类及选用

分类	锉削部位的精度		加工余量大小		材料的软硬	
	高	低	> 0.5 mm	< 0.2 mm	硬	软
粗齿	—	√	√	—	—	√
中齿	用于从粗齿到细齿的过渡加工;当加工部位精度要求不高时也可用于最后加工					
细齿	√	—	—	√	√	—
油光锉	√ (精度特别高时)	—	—	√	—	—

2. 锉削的操作要领

(1) 工件的安装。工件必须牢固地夹持在台虎钳钳口的中部，并略高于钳口。夹持已加工表面时，应在钳口与工件之间垫铜皮或铝皮，以免夹伤已加工的表面。

(2) 锉刀的使用。锉削时应正确掌握锉刀的握法及施力的变化。使用大锉刀时，右手握住锉柄，左手压在锉刀前端，使其保持水平，如图 1-12(a)所示。使用中锉刀时，因用力较小，可用左手的拇指和食指握住锉刀的前端部，以引导锉刀水平移动，如图 1-12(b)所示。

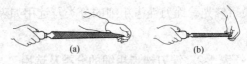

图 1-12　锉刀的握法

锉刀装好手柄后才能使用(整形锉刀除外)。锉削时，要锉出平整的平面，必须保持锉刀的平直运动。平直运动是在锉削过程中通过随时调整两手的压力来实现的。锉削开始时，左手压力大，右手压力小。随锉刀前推，左手压力逐渐减小，右手压力逐渐增大，到中间时，两手压力相等。到最后阶段，左手压力减小，右手压力增大，如图 1-13 所示。退回时，不施加压力。锉削时，压力不能太大，否则小锉刀易折断，但也不能太小，以免打滑。锉削速度不可太快，否则容易疲劳和磨钝锉齿，速度太慢，效率不高，一般每分钟 30～60 次左右为宜。

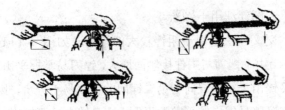

图 1-13　锉削时两手施力的变化

在锉削时，眼睛要注视锉刀的往复运动，观察手部用力是否适当，锉刀有没有摇摆。锉了几次后，要拿开锉刀，看是否锉在需要锉的位置，是否平整。发现问题后及时纠正。

1) 平面加工

平面加工是锉削中最基本的操作，方法主要有：顺向锉法(平行锉法)、交叉锉法和推锉法，如图 1-14 所示。

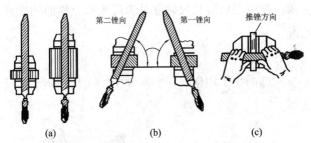

第二锉向　　　第一锉向　　　推锉方向

(a)　　　　　　　(b)　　　　　　　(c)

图 1-14　锉削平面的锉法

(a) 顺向锉法；(b) 交叉锉法；(c) 推锉法

顺向锉法是最基本的锉法，使用于较小平面的锉削，如图 1-14(a)所示。顺向锉可得到正直的锉纹，使锉削的平面整齐美观。图 1-14(a)左图锉法多用于粗锉，右图锉法用于修光。

交叉锉法适用于粗锉较大的平面，如图 1-14(b)所示。由于锉刀与工件接触面增大，锉刀易掌握平衡。交叉锉由于第一锉向与第二锉向的锉纹易于分辨，因此交叉锉易锉出较平整的平面。交叉锉之后要转用顺向锉法或推锉法进行修光。

推锉法仅用于修光，尤其适宜窄长平面或用顺锉法受阻的情况，如图 1-14(c)所示。两手横握锉刀，沿工件表面平稳推拉锉刀，可得到平整光洁的表面。

锉削平面时，工件的尺寸用游标卡尺测量。工件平面的平直及两平面之间的垂直情况，可用刀口直角尺贴靠是否透光来检验。

鸭嘴锤的平面加工用顺锉法、交叉锉法和推锉法完成，并用刀口直角尺贴靠是否透光来检验面的平直情况。

2) 曲面加工

外曲面加工用横锉法和顺锉(滚锉)法，如图 1-15所示。

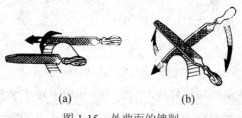

(a)　　　　　　　　(b)

图 1-15　外曲面的锉削

(a) 横锉；(b) 顺锉

内曲面加工用横锉法、推锉法，如图 1-16 所示。

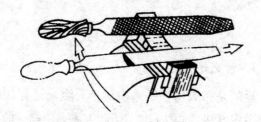

图 1-16　内曲面的锉削

锉削外曲面时，先用横锉法，如图 1-15(a)所示，锉削掉多余的材料，使其接近所需要的曲线，然后用顺锉(滚锉)法，如图 1-15(b)所示，锉到所需要的尺寸。顺锉(滚锉)法中锉刀除向前运动外，还要沿工件被加工的曲面摆动。

锉削内曲面时，先用横锉法锉削，方法与锉削外曲面的横锉法相同，只需把平锉刀换成圆形或半圆形锉刀即可。横锉完毕后，用圆形或半圆形锉刀进行推锉。

鸭嘴锤的圆弧 R3.5 和 R10 用外曲面的加工方法，R6 用内曲面的加工方法。

3．锉削操作的注意事项

(1) 锉刀手柄和锉刀体要连接紧凑；

(2) 锉刀上不能沾油和水；

(3) 不能用锉刀敲击其他任何物件；

(4) 根据加工余量和尺寸精度选择锉齿的粗细。

1.4 錾 削

1. 什么是錾削

錾削是指人用手锤敲击錾子对金属进行切削加工的操作方法，如图 1-17 所示。目前，錾削一般用来錾掉锻件的飞边，铸件的毛刺和浇冒口，配合件凸出的错位、边缘及多余的一层金属，分割板料和錾切油槽等。錾削用的工具主要是手锤和錾子，錾子是最简单的一种刀具。

手锤锤头
运动轨迹

手臂摆动

图 1-17 錾削

2. 錾子的分类

常用的錾子主要有扁錾、尖錾和油槽錾等，如图 1-18 所示。扁錾一般用于錾开较薄的板料、直径较小的棒料，錾削平面、焊接边缘以及錾掉锻件、铸件上的毛刺、飞边等。尖錾用于錾槽或配合扁錾錾削较宽的平面。工作时，根据图纸的要求确定尖錾刀刃的宽度。錾槽时，尖錾的宽度应比要求尺寸稍窄一些。尖錾因为刀口窄，加工时容易切入。这种錾子自刃口起向柄部逐渐窄小，所以在錾深的沟槽时不会被工件夹住。油槽錾用于錾削滑动轴承和滑行平面上的润滑油槽。

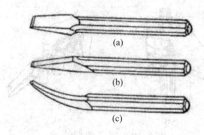

图 1-18　錾子的分类

(a) 扁錾；(b) 尖錾；(c) 油槽錾

3. 錾子的选用

(1) 加工板材用扁平錾；

(2) 加工窄小平面用尖錾；

(3) 加工油槽用油槽錾。

4. 錾削的操作要领

(1) 正握法：手心向下，用虎口夹住錾身，拇指与食指自然张开，其余三指自然弯曲靠拢握住錾身，如图 1-19(a)所示。露出虎口的錾子顶部不宜过长，一般为 10～15 mm。露出越长，錾子抖动越大，锤击准确度也就越差。这种握錾方法适于在平面上进行錾削。

(2) 反握法：手心向上，手指自然捏住錾身，手心悬空，如图 1-19(b)所示。这种握法适用于小平面或侧面的錾削。

(3) 立握法：虎口向上，拇指放在錾子一侧，其余四指放在另一侧捏住錾子。这种握法适用于垂直錾切工件，如在铁砧上斩断材料。

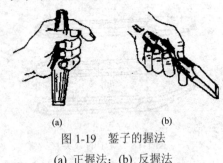

(a)　　　　　　(b)

图 1-19　錾子的握法

(a) 正握法；(b) 反握法

5. 錾削操作的注意事项

(1) 先检查錾口是否有裂纹；

(2) 检查锤子手柄是否有裂纹，锤子与手柄是否有松动；

(3) 不要正面对人操作；

(4) 錾头不能有毛刺；

(5) 操作时不能戴手套，以免打滑；

(6) 錾削临近结束时要减力锤击，以免用力过猛伤手。

任务二　常用量具

2.1　量具的简单介绍

在生产过程中，为了保证零件的加工质量，对加工出来的零件要严格按照图样所要求的表面粗糙度、尺寸精度、形状精度和位置精度进行测量。测量所使用的工具叫量具。

钳工在制作零件、检修设备、安装和调整等各项工作中，都需要用量具来检查加工尺寸是否符合要求。因此，熟悉量具的结构、性能及其使用方法，是技术工人保证产品质量、提高工作效率的必备技能。

钳工常用的量具种类很多，其用途和结构也不相同。由于生产中对工件的精度要求不同，量具也有不同的精度，一般分为普通量具和精密量具两种。

工业上所用的长度计量单位一般有公制和英制两种。公制目前已为世界上大多数国家所采用，我国的法定计量单位也统一规定采用公制，但某些国家和我国的某些行业中，仍有采用英制的。公制与英制长度单位的换算关系如下：1 英寸 = 25.4 mm。

1. 普通量具

1) 钢尺

钢尺是度量零件长、宽、高、深及厚度等的量具，其测量精度为 0.3～0.5 mm。钢尺一般有钢板尺(如图 2-1 所示)、钢卷尺(如图 2-2 所示)，其刻度一般有英制和公制两种。钢板尺的规格按长度分，有 150 mm、300 mm、500 mm、1000 mm 或更长等多种。钢卷尺常用的有 1000 mm 和 2000 mm 两种。尺上的最小刻度为 0.5 mm 或 1 mm。对 0.5 mm 以下尺寸的工件，要用游标卡尺或千分尺等量具测量。

图 2-1　钢板尺

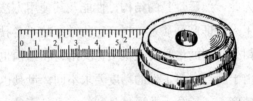

图 2-2　钢卷尺

2) 直角尺(弯尺)

直角尺的两边成 90°，用来检查工件垂直面之间的垂直情况。直角尺一般分整体直角尺和组合直角尺两种(如图 2-3 所示)。整体直角尺用整块金属制成，而组合直角尺由尺座和尺苗两部分组成。直角尺的两边长短不同，长而薄的一边叫尺苗，短而厚的一边叫尺座。有的直角尺在尺苗上带有尺寸刻度。直角尺的用法如图 2-4 所示。

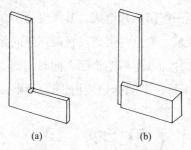

图 2-3 直角尺

(a) 整体直角尺；(b) 组合直角尺

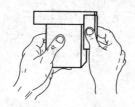

图 2-4 直角尺的用法

3) 刀口形直尺

刀口形直尺用于检查平面的平、直情况。如果平面不直，则刀口形直尺与平面之间有间隙，再用塞尺塞间隙，即可确定间隙值的大小。刀口形直尺如图 2-5 所示。

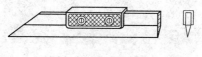

图 2-5 刀口形直尺

4) 塞尺

塞尺又称厚薄尺，用于检查两贴合面之间缝隙的大小。它由一组薄钢片组成，其厚度为 0.02～1 mm，如图 2-6 所示。测量时用塞尺直接塞进间隙，当塞尺的一片或数片能塞进两贴合面之间时，则一片或数片的厚度(可由每片上的标记读出)即为两贴合面之间的间隙值。

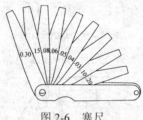

图 2-6　塞尺

2. 精密量具

常用的精密量具有游标卡尺(如图 2-7 所示)、千分尺(如图 2-8 所示)和游标万能角度尺(如图 2-9 所示)。

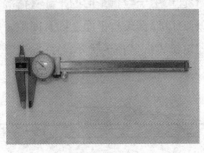

图 2-7　带表游标卡尺

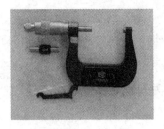
图 2-8　千分尺

图 2-9　游标万能角度尺

2.2　游标卡尺的结构、原理及读数

游标卡尺是一种测量精度较高的量具，可直接测量工件的外径、内径、厚度和深度尺寸等，如图 2-10 所示。

1．游标卡尺的特点

(1) 结构简单、轻巧，使用方便，测量范围大，用途广泛，保养方便；

(2) 可测量工件的内径、外径、中心距、宽度、长度、厚度及深度。

2．游标卡尺的结构

从图 2-10(a)可以看出，游标卡尺由主尺(又称尺体)、副尺、制动螺钉、量爪、深度测量杆(测深杆)等组成。

3．游标卡尺的原理

游标卡尺的刻线原理如图 2-10(b)所示。当主尺和副尺的卡脚贴合时，在主尺和副尺上刻一上下对准的零线，主尺上每小格为 1 mm，副尺刻度总长 49 mm 并等分为 50 小格，因此副尺的每小格长度为 49 mm/ 50 = 0.98 mm，主尺与副尺每小格之差为 1 mm–0.98 mm = 0.02 mm，即最小测量精度为 0.02 mm。

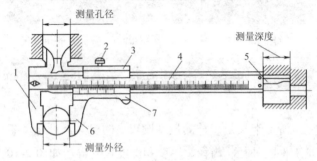

1—外量爪；2—制动螺钉；3—游标；4—主尺；
5—测深杆；6—尺框；7—副尺

(a)

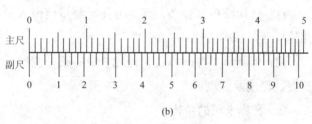

(b)

图 2-10　游标卡尺

4．游标卡尺的读数

游标卡尺的读数如图 2-11 所示。游标卡尺的读数可分三步：

第一步：根据副尺零线以左的主尺上的最近刻度读出整数；

第二步：根据副尺零线以右与主尺某一刻线对准的刻线的格数乘以 0.02 读出小数；

第三步：将上面的整数和小数两部分尺寸相加，即为总尺寸。图 2-11 中的读数为

$$133 + 11 \times 0.02 = 133.22 \text{ (mm)}$$

图 2-11　游标卡尺的读数

在测量时，副尺刻线与主尺刻线出现三种状态：

1) 两条刻线重合是整数

副尺的第一条零线与主尺的任意一条刻度线重合并且副尺的最后一条零线与主尺的任意一条刻度线重合，此时读数为副尺的第一条零线所对应的主尺的刻度线，该读数是整数。

2) 一条刻线重合是偶数(小数)

副尺的第一条零线所对应的主尺的左边最近的一条刻度线作为整数部分，并且在副尺上找到与主尺重合最好的一条刻度线，以该刻度线向左数到第一条零线时的格数乘以 0.02 后作为小数部分。

3) 没有刻线重合是奇数(小数)

副尺的第一条零线所对应的主尺的左边最近的一条刻度线作为整数部分，副尺上相邻的两条刻度线

被主尺上对应的相邻的两条刻度线所包容，从副尺上该两条刻度线的左边一条向左数到第一条零线时的格数乘以 0.02 再加 0.01 后作为小数部分。

5. 测量方法

游标卡尺的测量方法如图 2-12 所示。其中图 2-12(a)为测量工件外径的方法；图 2-12(b)为测量工件内径的方法；图 2-12(c)为测量工件宽度的方法；图 2-12(d)为测量工件深度的方法。

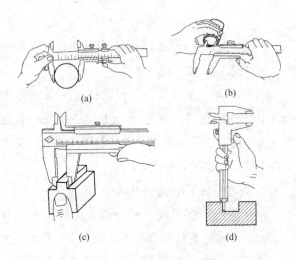

(a)

(b)

(c)

(d)

图 2-12　游标卡尺的测量方法

6. 游标卡尺的正确使用及保养

(1) 使用前先擦净卡脚，然后合拢两卡脚使之贴合，检查主尺和副尺零线是否对齐。若未对齐，应在测量后根据原始误差修正读数。

(2) 测量时方法要正确；读数时视线要垂直于尺面，否则测量值不准确。

(3) 当卡脚与被测工件接触后，用力不能过大，以免卡脚变形或磨损，降低测量的准确度。

(4) 不得用卡尺测量毛坯表面。卡尺使用完毕后须擦拭干净，放入盒内。

(5) 不能把卡脚当划规、划针和起子使用。

(6) 不能把卡尺放在强磁场附近，不能和其他工具堆放在一起，不能敲打。

(7) 要定时计量，不得自行拆卸。

游标卡尺的种类很多，除了上述普通游标卡尺外，还有专门用于测量深度和高度的游标深度卡尺和游标高度卡尺，如图 2-13 所示。游标高度卡尺还可用于钳工精密划线工作。

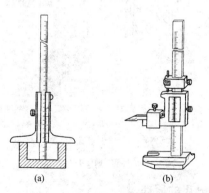

图 2-13　游标深度卡尺和游标高度卡尺

(a) 游标深度卡尺；(b) 游标高度卡尺

2.3　千分尺的结构、原理及读数

千分尺是一种测量精度比游标卡尺更高的量具，其测量准确度为 0.01 mm。

1. 千分尺的特点

(1) 测量精度比游标卡尺更高；

(2) 规格种类繁多、制造难度大。

2. 千分尺的结构

图 2-14 所示为外径分度千分尺，它主要由固定套筒、尺架、微分套筒、测量螺杆以及棘轮等构成。

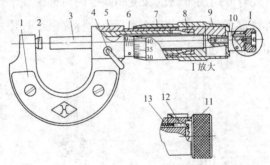

1—尺架；2—砧座；3—测量螺杆；4—锁紧装置；5—螺纹轴套；
6—固定套筒；7—微分套筒；8—螺母；9—接头；10—测力装置；
11—棘轮；12—棘爪；13—弹簧

图 2-14　外径分度千分尺

3. 千分尺的原理

千分尺的读数机构由固定套筒和微分套筒组成

(相当于游标卡尺的主尺和副尺),如图 2-15 所示。固定套筒在轴线方向刻有一条中线,中线的上、下方各刻有一排刻线,刻线每小格间距均为 1 mm,上、下刻线相互错开 0.5 mm。在微分套筒左端圆周上有 50 等分的刻度线。因测量螺杆的螺距为 0.5 mm,即微分套筒旋转 360°(测量螺杆旋转一周),对应到轴向上移动 0.5 mm。故微分套筒上每一小格的读数值为 0.5/50 = 0.01 mm,其最小测量精度为 0.01 mm。当千分尺的测量螺杆左端面与砧座表面接触时,微分套筒左端的边缘与轴线刻度的零线重合,同时圆周上的零线应与中线对准。

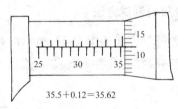

$$35.5 + 0.12 = 35.62$$

图 2-15 千分尺的刻线原理

4.千分尺的读数

千分尺读数步骤如下:

(1) 读出微分套筒左边端面线在固定套筒上的刻度;

(2) 把微分套筒上其中一条刻度线与固定套筒上的零基准线对齐,读出刻度;

(3) 把以上两个刻度的读数相加。

图 2-16 所示为千分尺的读数示例。

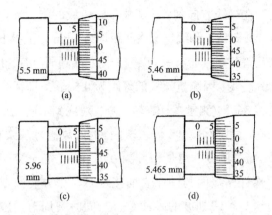

图 2-16　千分尺的读数示例

5．千分尺的测量方法

千分尺的测量方法如图 2-17 所示，其中，图(a)是测量小零件外径的方法；图(b)是在机床上测量工件外径的方法。

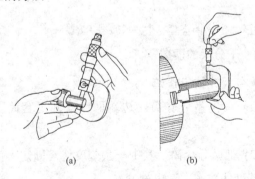

图 2-17　千分尺的测量方法

(a) 测量小零件外径；(b) 在机床上测量工件外径

6. 千分尺的正确使用及保养

(1) 保持千分尺的清洁，尤其是测量面必须擦拭干净。使用前检查零位线是否准确，若零位未对齐，应记住此数值，在测量时根据原始误差修正读数。

(2) 当测量螺杆快要接近工件时，必须拧动端部棘轮，当棘轮发出"嘎嘎"打滑声时，表示压力合适，停止拧动。严禁拧动微分套筒，以防用力过度致使测量不准确。

(3) 工件较大时应放在 V 型铁或平板上测量。

(4) 不得预先调好尺寸锁紧测量螺杆后再用力卡进工件。这样用力过大，不仅测量不准确，而且会损坏千分尺测量面，产生非正常磨损。

(5) 不要拧松后盖，以免造成零位线改变。

(6) 不要在固定套筒和微分套筒间加入普通机油。

(7) 用后擦净上油，放入专用盒内，置于干燥处。

任务三 划 线

3.1 划线的作用

划线是在某些工件的毛坯或半成品的表面上,按图纸要求的尺寸划出加工界限的一种操作。

划线的作用如下所述:

(1) 表示出加工余量、加工位置或工件安装时的找正线,作为工件加工和安装的依据。

(2) 检查毛坯的形状和尺寸,避免不合格的毛坯投入机械加工而造成浪费。

(3) 合理分配各加工表面的加工余量。

3.2 划线的种类

划线分为平面划线和立体划线两类。

1. 平面划线

平面划线与几何作图相同,在工件的表面上按零件图样划出所要求的线或点,如图 3-1 所示。

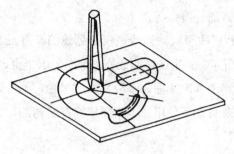

图 3-1　平面划线

2. 立体划线

立体划线是指同时在工件的几个不同表面(通常是在工件的长、宽、高三个方向上的表面)上划线，才能反映出该工件的加工尺寸界限的划线方式，如图3-2所示。

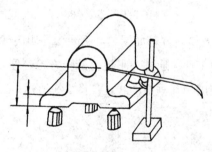

图 3-2　立体划线

3.3　划线工具及其用途

划线最常用的工具有划线平板、方箱、V型架、千斤顶、划针、划规、划卡、划线盘、游标高度卡尺、样冲、万能分度头等。

(1) 划线平板。划线平板是划线的基准工具，如图 3-3 所示。它用铸铁制成，上平面要求平直、光洁，是划线用的基准平面。平板应安放平稳，不许磕碰和锤击。若长期不使用，上平面应涂抹防锈油，并用模板盖护。

图 3-3　划线平板

(2) 方箱。方箱如图 3-4 所示。它用于划线时夹持较小的工件，通过在平板上翻转方箱，便可在工件表面上划出相互垂直的线，如图 3-5 所示。

图 3-4　方箱

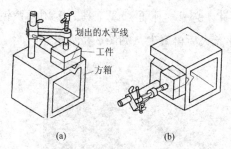

图 3-5　方箱的应用

(3) V 型架。V 型架用于划线时支撑圆柱体工件，使其轴线与平板平面平行，如图 3-6 所示。

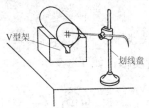

图 3-6　V 型架及其应用

(4) 千斤顶。当工件划线不适合用方箱和 V 型架时，通常用三个千斤顶来支撑工件，其高度可以调整，以便找正工件，如图 3-7 所示。

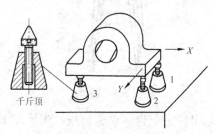

图 3-7　千斤顶及其应用

(5) 划针。划针是平面划线工具，多用弹簧钢制成，其端部淬火后再磨尖，如图3-8所示。

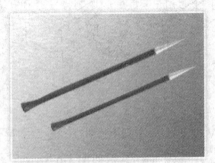

图 3-8　划针

(6) 划规。划规是平面划线工具，其作用与几何作图中的圆规类似，如图3-9所示。

图 3-9　划规

(7) 划卡。划卡也称单脚划规，主要用于确定轴和孔的中心，如图3-10所示。

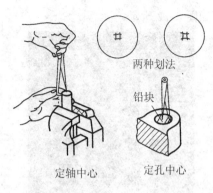

两种划法

铅块

定轴中心   定孔中心

图 3-10   划卡及其应用

(8) 划线盘。划线盘是立体划线的主要工具，如图 3-11 所示。将划针调节到一定高度，并且在平板上移动划线盘，即可在工件上划出与平板平面平行的水平线。

图 3-11   划线盘

(9) 游标高度卡尺。游标高度卡尺是一种精密工具，主要用于半成品工件的划线，不允许用它在毛坯上划线，如图 3-12 所示。

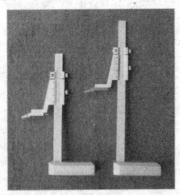

图 3-12 游标高度卡尺

(10) 样冲。样冲用于在工件所划线上打出样冲眼，以便在划线模糊后能找到原线的位置。或在钻孔之前在孔的中心打上样冲眼，以便钻孔时确定孔的中心位置和便于钻头定心。打样冲眼时，开始样冲向外倾斜，以便样冲尖头与线对正，然后摆正样冲，用小锤轻击样冲顶部即可，如图 3-13 所示。

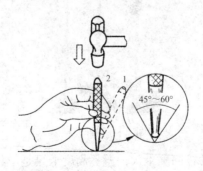

图 3-13 样冲及其应用

3.4 划线基准的选择

划线时应在工件上选择一个或几个面或线作为划线的依据，以确定工件的几何形状和各部分的相对位置，这样的面或线称为划线基准。

划线基准应根据图纸所标注的尺寸界限、工件的几何形状大小及尺寸的精度高低或重要程度而定，其基本原则是：

(1) 以两个相互垂直的平面或直线为基准；

(2) 以一个平面或一条直线和一条中心线为基准；

(3) 以两条相互垂直的中心线为基准。

3.5 划线步骤

首先分析零件图纸，确定加工工艺、划线基准和划线部位，检查毛坯是否合格，清理毛坯上的氧化皮和毛刺，在划线的部位涂一层涂料，铸锻件涂大白，已加工面涂品紫或品绿颜料，带孔的毛坯用铅块或木块堵孔，以便确定孔的中心位置，最后进行划线操作。

(1) 看懂图纸，确定加工工艺，便于基准的选择。

(2) 熟悉划线零件，确定划线基准，做到心中有数。

(3) 检查划线工件，主要是对毛坯和上道工序的加工尺寸进行检查，及时发现缺陷，以便在划线过程中予以修正和合理分配加工余量。

(4) 清理工件和涂色，使划线清晰可辨。

(5) 准备必要的两类工具，如铅块、木块等，以便对毛坯件的中心孔划线时装入塞块。

(6) 做好划线前的其他一切准备工作。

任务四　孔加工和螺纹加工

4.1　钻孔、扩孔和铰孔

钳工的钻孔、扩孔和铰孔工作多在钻床上进行。常用的钻床有台式钻床、立式钻床和摇臂式钻床等。

1. 台式钻床

台式钻床简称台钻，如图 4-1 所示。它是一种放在台桌上使用的小型钻床，钻孔直径一般在 12 mm 以下。最小可加工 1 mm 的孔。由于加工的孔径较小，台钻的主轴转速一般较高，最高转速可达 10 000 r/mm。主轴的转速可用改变 V 型带在带轮上的位置来调节，进给是手动的。台钻小巧灵活、使用方便，主要用于加工小型零件上的各种小孔，在仪表制造、钳工和装配中用得最多。

2. 立式钻床

立式钻床简称立钻，如图 4-2 所示。立钻主要由主轴、主轴变速箱、进给箱、立柱、工作台和机座等组成。主轴向下进给既可手动，也可机动。在立钻上加工一个孔后，再钻另一个孔时，须移动工件，使钻头对准另一个孔的中心，这对移动一些较大的工件来说比较麻烦。因此，立式钻床适宜加工中小型工件上的中小孔。

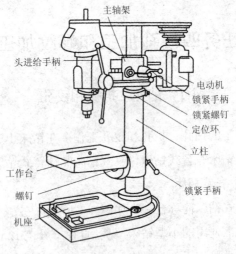

主轴架

头进给手柄

电动机
锁紧手柄
锁紧螺钉
定位环

立柱

工作台

螺钉

锁紧手柄

机座

图 4-1　台式钻床

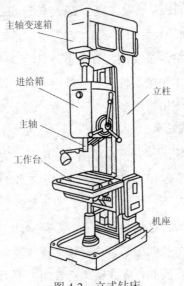

主轴变速箱

进给箱

立柱

主轴

工作台

机座

图 4-2　立式钻床

3. 摇臂钻床

摇臂钻床如图 4-3 所示，它有一个能绕立柱旋转的摇臂，摇臂带着主轴箱可以沿立柱垂直移动，同时主轴箱还能在摇臂上作横向移动，主轴可沿自身轴线垂向移动或进给。由于摇臂钻床的这些特点，操作时能很方便地调整刀具的位置，以对准被加工孔的中心，而不需移动工件来进行加工，比起在立钻上加工工件要方便很多。因此，它适宜加工一些笨重的大型工件及多孔工件上的大、中、小孔，广泛应用在单件和成批生产中。

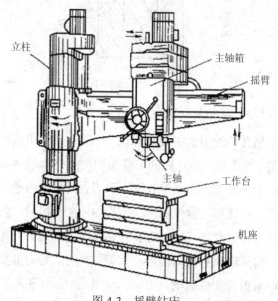

图 4-3　摇臂钻床

4.1.1 钻孔

钻孔是用钻头在实体材料上加工孔的方法。在钻床上钻孔，工件固定不动，钻头一边旋转(主轴运动)，一边轴向向下移动(进给运动)，如图 4-4 所示。由于钻头结构上存在着刚度差和导向性差等缺点，因而影响了加工质量。钻孔属于粗加工，尺寸公差等级一般为 IT11～IT14，表面粗糙度 Ra 值为 12.5～25 μm。

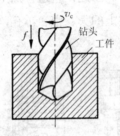

图 4-4　钻孔运动

1. 麻花钻及其安装

钻孔用的刀具主要是麻花钻，麻花钻的组成部分如图 4-5 所示。麻花钻的前端为切削部分(如图 4-6 所示)，有两个对称的主切削刃，两刃之间的夹角通常为 116°～118°，称为锋角。钻头的顶部有横刃，即两主后刀面的交线，它的存在使钻削时的轴向力增加。所以常采取修磨横刃的办法，缩短横刃。导向部分上有两条刃带和螺旋槽，刃带的作用是引导钻头和减少其与孔壁的摩擦。螺旋槽的作用是向孔外排屑和向孔内输送切削液。麻花钻的结构决定了它的刚度和导向性均比较差。

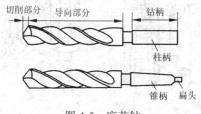

图 4-5　麻花钻

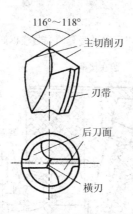

图 4-6　麻花钻的切削部分

　　麻花钻按尾部形状的不同，有不同的安装方法。锥柄钻头可以直接装入机床主轴的锥孔内。当钻头的锥柄小于机床主轴锥孔时，需用图 4-7 所示的过渡套筒。由于过渡套筒要用于各种规格麻花钻的安装，所以套筒一般需要数只。柱柄钻头通常要用图 4-8 所示的钻夹头进行安装。

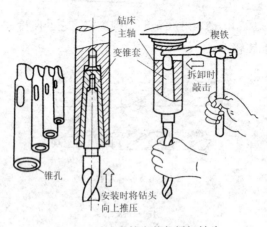

图 4-7　用过渡套筒安装与拆卸钻头

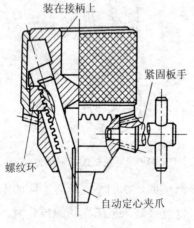

图 4-8　钻夹头

2. 工件的安装

在立钻或台钻上钻孔时，工件通常用平口台虎钳(如图 4-9(a)所示)安装。对于不便用平口台虎钳装夹的工件，可采用压板、螺栓把工件直接安装在工作台上，如图 4-9(b)所示。夹紧前要先按划线标志的孔位进行找正。

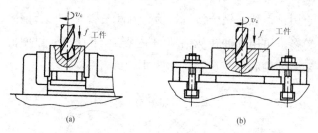

图 4-9　钻床钻孔常用的装夹方法

在成批和大量生产中，钻孔广泛使用钻模夹具。钻模的形式很多，图 4-10 所示为其中的一种。将钻模装夹在工件上，钻模上装有淬硬的耐磨性很高的钻套，用以引导钻头。钻套的位置是根据要求钻孔的位置确定的，因而应用钻模钻孔时，可免去划线工作，提高了生产效率和孔间距的精度，降低表面粗糙度。

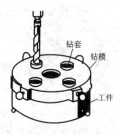

图 4-10　钻模

3. 钻孔方法

按划线钻孔时，钻孔前应在孔中心处打好样冲眼，划出检查圆，如图 4-11 所示，以便找正中心，便于引钻，然后钻一浅坑，检查判断是否对中。若偏离较多，可用样冲在应钻掉的位置錾出几条槽，以便把钻偏的中心纠正过来，如图 4-12 所示。

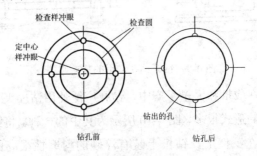

图 4-11　钻孔前划检查圆

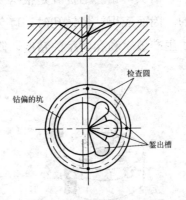

图 4-12　钻偏时的纠正方法

用麻花钻头钻较深的孔时，要经常退出钻头以排出切屑和进行冷却，否则可能使切屑堵塞在孔内卡断钻头或由于过热而加剧钻头磨损。为降低切削温度，提高钻头的耐用度，需要添加切削液。

直径大于 30 mm 的孔，由于有较大的轴向抗力，很难一次钻成功。这时可先钻出一个直径较小的孔(为加工孔径的 0.5 倍左右)，然后用第二把钻头将孔扩大到所要求的直径。

4. 钻孔操作时的注意事项

(1) 工件必须夹紧在工作台或台虎钳上，在任何情况下均不准用手拿着工件钻孔。

(2) 开始钻孔和孔将要钻通时，用力不宜过大；钻通孔时，工件下面一定要加垫，以免钻伤工作台或台虎钳；用机动进给钻通孔，当接近钻透时，必须停止机动，改用手动进给。

(3) 使用接杆钻头钻深孔时，必须勤排切屑；钻孔后需要锪(铣)平面时，须用手扳动手轮微动锪(铣)削，不准机动进给。

(4) 拆卸钻头、钻套、钻夹头等工具时，须用标准楔铁冲下或用钻卡扳手松开，不准用其他工具随意敲打。

(5) 根据被钻工件的材料，正确选用冷却液。

4.1.2 扩孔

扩孔用于扩大工件上已有的孔(锻出、铸出或钻出的孔)，其切削运动与钻孔相同，如图 4-13 所示。它可以在一定程度上校正原孔轴线的偏斜，并使其获得较正确的几何形状与较低的表面粗糙度。扩孔属于半精加工，其尺寸公差等级可达 IT9、IT10，表面粗糙度 Ra 值为 3.2～6.3 μm。扩孔既可作为孔加工的最后工序，也可作为铰孔前的预备工序。扩孔加工余量一般为 0.5～4 mm。小孔取小值，大孔取大值。扩孔的切削速度为钻孔的 1/2。扩孔的进给量为钻孔的 1.5～2 倍。

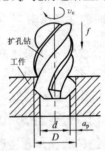

图 4-13　扩孔及其切削运动

扩孔钻的形状与麻花钻相似，如图 4-14 所示。不同的是扩孔钻有三至四个切削刃，无横刃，扩孔钻的钻芯大，刚度较好，导向性好，切削平稳，因而加工质量比钻孔高。

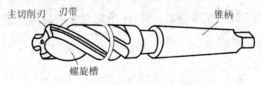

图 4-14　扩孔钻

4.1.3　铰孔

铰孔是用铰刀对孔进行精加工的方法，如图 4-15

所示。铰孔的尺寸公差等级可达 IT6～IT8，表面粗糙度 Ra 值可达 0.8～1.6 μm。

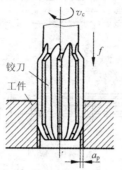

图 4-15　铰孔及其切削运动

1. 铰刀的种类

铰刀按使用方法分为手用铰刀和机用铰刀；按几何形状分为圆柱铰刀和圆锥铰刀；按结构分为整体式铰刀和可调节式铰刀。

铰刀的结构如图 4-16 所示，其中图(a)为机铰刀，图(b)为手铰刀。机铰刀多为锥柄，装在钻床或车床上进行铰孔，铰孔时选较低的切削速度，铰刀不能反转，以免崩刃和损坏已加工表面，并选用合适的切削液，以降低加工孔的表面粗糙度 Ra 值，提高孔的加工精度。手铰刀切削部分较长，导向作用好，易于铰削时的导向和切入。手铰孔时，将铰刀沿原孔放正，然后用手转动铰杠，并轻压向下进给。铰孔时的加工余量很小，粗铰一般为 0.15～0.25 mm，精铰一般为 0.05～0.15 mm。

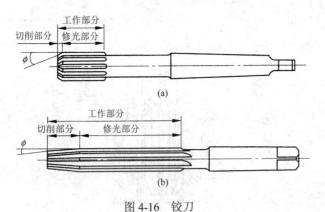

图 4-16　铰刀

(a) 机铰刀；(b) 手铰刀

2．铰孔方法

(1) 铰圆柱孔。铰孔前要用百分尺检查铰刀直径是否合适。铰孔时，铰刀应垂直放入孔中，然后用铰杠(图 4-17 所示为可调式铰杠，转动调节手柄，即可调节方孔大小)转动铰刀并轻压进给即可进行铰孔。铰孔过程中，铰刀不可倒转，以免崩刃。铰削钢件时应加机油润滑，铰削带槽孔时，应选螺旋刃铰刀。

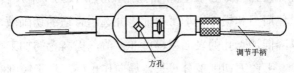

图 4-17　可调节式铰杠

(2) 铰圆锥孔。圆锥铰刀(如图 4-18 所示)专门用于铰削圆锥孔，其切削部分的锥度是 2/50，与圆锥销的锥度相符。

图 4-18　圆锥铰刀

尺寸较小的圆锥孔，可先按小头直径钻出圆柱孔，然后用圆锥铰刀铰削即可；对于尺寸和深度较大的孔，铰孔前应先钻出阶梯孔，然后再用铰刀铰削。铰削过程中，要经常用相配的锥销来检查尺寸，如图 4-19 所示。

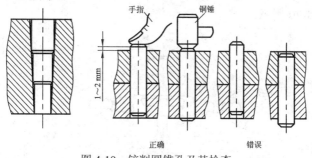

图 4-19　铰削圆锥孔及其检查

3. 铰孔操作要领

(1) 工件要夹正，夹紧力度要适当，以防工件变形。

(2) 手铰时，两手用力要均匀，以保持铰刀的平稳性，避免铰刀摇摆而造成孔口喇叭状和孔径扩大。

(3) 旋转铰刀并双手轻轻加压，使铰刀均匀进给，不要在同一方位停顿，防止造成振痕。

(4) 在退刀时，双手扶住铰手，顺时针旋转并向上拔。注意不要逆时针旋转，避免拉毛孔壁和崩裂刀刃。

(5) 在加工过程中，按工件材质和铰孔精度要求合理选用切削液。

4.2　攻螺纹和套螺纹

4.2.1　攻螺纹

用丝锥加工内螺纹的方法叫攻螺纹或攻丝，如图4-20所示。

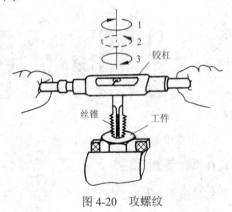

图 4-20　攻螺纹

1. 丝锥

丝锥是专门用于加工螺纹的刀具(如图 4-21 所示)。M3～M20 手用丝锥多制成两支一套，称头锥、二锥。每个丝锥的工作部分由切削部分和校准部分组成。切削部分(即不完整的牙齿部分)是切削螺纹的主要部分，其作用是切去孔内螺纹牙间的金属。头锥有 5～7

个不完整的牙齿，二锥有 1～2 个不完整的牙齿。校准部分的作用是修光螺纹、引导丝锥和校准螺纹牙形。

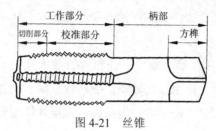

图 4-21　丝锥

2. 攻螺纹方法

(1) 钻螺纹底孔。底孔的直径可查手册或按如下经验公式计算：

脆性材料(铸铁、青铜等)：

　　钻孔直径 $D_0 = D$(螺纹大径) $-1.1P$(螺距)

韧性材料(钢料、紫铜等)：

　　　　钻孔直径 $D_0 = D$(螺纹大径) $-P$(螺距)

钻孔深度 = 要求的螺纹长度 + 0.7D(螺纹大径)

(2) 用头锥攻螺纹。攻丝前，对螺纹底孔进行倒角，其倒角尺寸一般为(1～1.5)$P × 45°$。若是通孔两端均要倒角。倒角有利于丝锥开始切削时切入，且可避免孔口螺纹牙齿崩裂。开始时，将丝锥垂直放入工件螺纹底内，然后用绞杠轻压旋入 1～2 周，用目测或直角尺在两个互相垂直的方向上检查丝锥与孔端的垂直情况，并及时纠正丝锥，使其与端面保持垂直。当丝锥切入 3～4 周后，可以只转动不加压，每转 1～2 周应反转 1/4～1/2 周，以使切屑断落。图 4-20 中，第二周虚线表示要反转。攻钢件螺纹时应加机油润滑，攻铸铁件可加煤油。攻通孔螺纹，只用头锥攻穿即可。

(3) 用二锥攻螺纹。先将丝锥放入孔内，用手旋入几周后，再用铰杠转动。旋转铰杠时不需加压。攻盲孔螺纹时，需依次使用头锥、二锥才能攻到所需要的深度。

4.2.2　套螺纹

用圆板牙在圆柱体的外表面加工出外螺纹的操作方法叫套螺纹或套丝，如图 4-22 所示。

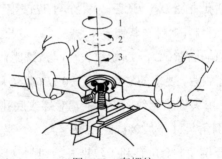

图 4-22　套螺纹

1. 板牙和板牙架

图 4-23(a)为常用的固定式圆板牙。圆板牙螺孔的两端各有 40°的锥度，是板牙的切削部分。套螺纹用的板牙架如图 4-23(b)所示。

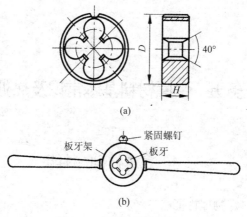

(a)

(b)

图 4-23　圆板牙及板牙架

2．套螺纹方法

套螺纹前应检查圆杆直径，尺寸太大，难以套入；太小，套出的螺纹牙齿不完整。圆杆直径可用经验公式计算：

$$d_0 = d - 0.13P$$

式中，d_0——圆杆直径；

　　　d——螺纹大径；

　　　P——螺距。

套螺纹的圆杆必须先做出合适的倒角，如图4-24所示。套螺纹时圆板

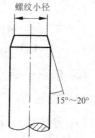

图 4-24　套螺纹圆杆的倒角

牙端面应与圆杆保持严格垂直。开始转动板牙架时，要稍加压力；套入几周后，即可只转动，不加压。要时常反转，以便断屑。套螺纹时应加机油润滑。

任务五　金属材料基本常识及热处理

5.1　金属材料的性能

1. 物理性能

(1) 密度：物体的质量与其体积的比值。密度的计算公式为

$$\rho = \frac{m}{V}$$

式中，ρ——密度(g/cm³)；

　　　m——质量(g)；

　　　V——体积(cm³)。

(2) 熔点：物体在加热过程中，由固体开始熔化为液体时的温度(℃)。

(3) 导电性：金属材料传导电流的能力。纯银导电性最好，铜、铝次之。

(4) 导热性：金属材料传导热量的能力。纯金导热性最好，合金稍差。

(5) 热膨胀性：金属材料温度升高后体积增大的性质。

2. 力学性能

(1) 弹性：金属在外力作用下发生形变，但外力取消后形变逐渐消失。

(2) 塑性：金属材料在外力作用下产生不可逆永久变形的能力。常用的塑性指标有伸长率 δ 和端面收缩率 Ψ。

(3) 强度：金属材料在外力作用下，抵抗变形和破坏的能力。按照外力作用的方式不同，强度可分为抗拉强度、抗压强度、抗弯强度和抗剪强度等。工程上常用来表示金属强度的指标有屈服点和抗拉强度。

(4) 硬度：金属材料表面抵抗硬物压入的能力。其大小在硬度计上测定。常用的硬度指标有布氏硬度、洛氏硬度和维氏硬度等。

(5) 韧性：金属材料抵抗冲击载荷而不被破坏的能力。

3. 切削性

金属材料的切削性是指材料可被切削加工的难易程度。

(1) 工件材料的硬度(含高温硬度)越高，切削力就越大，导致切削温度也越高。因此，刀具的磨损越快，切削性就越差。同理，工件材料的强度越高，切削性也越差。

(2) 工件材料的强度相同时，塑性和韧性越大的，切削性越差。但如果工件材料的塑性太小，则切削性也不好。

(3) 工件材料的导热系数大，导热性就好，反之就差。在产生热量相等的条件下，导热系数大的，其切削性就好；相反，导热系数小的，刀具易磨损，切削性就差。

5.2 金属材料的正确选择

1. 碳素钢

(1) 碳素结构钢主要用于制造受力不大(如螺钉、螺母、垫圈)或承受中等负荷(如小轴、连杆、销子、农机零件等)的零件。

(2) 碳素工具钢主要用于制造能承受振动及对韧性和硬度有一定要求的工具(如冲头、錾子、锤子等)或不受振动但对硬度和耐磨性有较高要求的工具(如锉刀、锯条、刮刀等)。

2. 合金钢

合金钢是在普通碳素钢的基础上添加一种或多种合金元素而结成的。

(1) 合金结构钢主要用于制造各种工程结构和机械零件(如连杆、齿轮、轴等)。

(2) 合金工具钢主要用于制造各种高精度的工

具、刀具和量具(如丝锥、钻头、绞刀、千分尺、游标卡尺等)。

(3) 特殊性能钢主要用于制造有特殊工作环境要求的零件(如不锈钢、耐酸不锈钢等)。

3. 铸铁

(1) 白口铸铁主要用于炼钢或制造可锻铸铁。

(2) 灰口铸铁主要用于制造承受低、中、高负荷的零件(如手轮、工作台、活塞、床身等)。

(3) 球墨铸铁主要用于制造机床零件、轴瓦、柴油机曲轴、拖拉机减速齿轮等。

(4) 可锻铸铁主要用于制造汽车的后桥、外壳、活塞环等。

5.3　钢材的热处理

1. 概述

钢材热处理是将固体状态下的钢，通过加热、保温和不同的冷却方式改变其内部组织结构，获得所需性能的一种工艺方法。

2. 热处理的种类

1) 退火

将钢加热到一定温度并在此温度下进行保温，然后缓慢地冷却到自然温度的热处理工艺称为退火。退火的目的是降低钢的硬度，消除钢中的不均匀组织和内应力，改善切削加工性能。

2) 正火

将钢加热到一定温度，保温一段时间，然后在空气中冷却的热处理工艺称为正火。正火与退火的目的基本相同，但正火的冷却速度要求比退火速度快，得到材料的组织结构更细，强度和硬度比退火要高。

3) 淬火

将钢加热到一定温度，保温一段时间，然后快速在水(或油)中冷却的热处理工艺称为淬火。淬火的目的是提高钢材的强度、硬度和耐磨性。

4) 回火

将淬火后的钢材重新加热到一定温度，并保温一段时间，然后以一定的方式冷却至室温的热处理工艺称为回火。回火的目的是减少和消除淬火时产生的内应力，防止工件变形和开裂，调整钢的强度和硬度，使工件在使用过程中不发生组织结构的变化。

3. 表面热处理

1) 表面淬火

钢的表面淬火是通过快速加热，将钢表面层迅速加热到淬火温度，然后快速冷却下来的热处理工艺。表面淬火主要适用于中碳钢和中、低合金钢。

2) 化学热处理

化学热处理是将钢件置于某种化学介质中加热、保温，使一种或几种元素渗入钢件表面，改变其化学成分，达到改变表面组织和性能的热处理工艺。目前工业生产上最常用的是渗碳、氮化和氰化(碳氮共渗)三种热处理工艺。

任务六　公差与配合

6.1　基本概念

1. 有关尺寸的术语定义

尺寸是指用特定单位表示长度值的数字。

长度值包括直径、半径、宽度、深度、高度和中心距等。在机械制图中，图样上的尺寸通常以 mm 为单位，在标注尺寸时常将单位省略，仅标注数值。当以其他单位表示尺寸时，则应注明相应的长度单位。

1) 基本尺寸

设计给定的尺寸称为基本尺寸(孔—D、轴—d)。

基本尺寸除满足功能要求外，一般应按照标准尺寸系列选取。

2) 实际尺寸

实际尺寸即通过测量所得的尺寸。由于测量过程中不可避免地存在测量误差，同一零件的不同部位用同一量具重复测量多次，其测量的实际尺寸也不完全相同，因此实际尺寸并非尺寸的真值。另外，同一零件的相同部位用同一量具重复测量多次，由于测量误差的随机性，其测得的实际尺寸也不一定完全相同。

另外，由于零件形状误差的影响，同一轴截面内，不同部位的实际尺寸也不一定相同，在同一截面内，不同方向上的实际尺寸也可能不同，如图6-1所示。

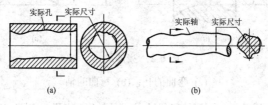

图 6-1　实际尺寸

3) 极限尺寸

允许尺寸变化的两个界限值称为极限尺寸。其中，较大的称为最大极限尺寸，较小的称为最小极限尺寸。

极限尺寸是根据设计要求而确定的，其目的是限制加工零件的尺寸变动范围。若完成的工件任意位置的实际尺寸都在此范围内，即实际尺寸小于或等于最大极限尺寸、大于或等于最小极限尺寸，则零件合格，否则不合格。

4) 实体状态和实体尺寸

实体状态可分为最大实体状态和最小实体状态。

最大实体状态和最大实体尺寸，指孔或轴在尺寸公差范围内，允许占有材料最多的状态。在此状态下的尺寸为最大实体尺寸。对孔为最小极限尺寸，对轴为最大极限尺寸。如图6-2所示。

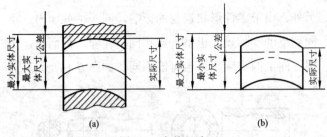

图 6-2 实体尺寸

(a) 弯曲的孔；(b) 弯曲的轴

最小实体状态和最小实体尺寸，指孔或轴在尺寸公差范围内，允许占有材料最少的状态。在此状态下的尺寸为最小实体尺寸。对孔为最大极限尺寸，对轴为最小极限尺寸。

2. 有关尺寸偏差和公差的术语及定义

1) 尺寸偏差

某一尺寸减其基本尺寸所得的代数差称为尺寸偏差(简称偏差)。孔用 E 表示，轴用 e 表示。偏差可能为正值、负值或零。

2) 实际偏差

实际尺寸减其基本尺寸所得的代数差称为实际偏差。由于实际尺寸可能大于、小于或等于基本尺寸，因此实际偏差可能为正值、负值或零。在书写或计算时偏差必须带上正或负号。

3) 极限偏差

极限尺寸减其基本尺寸所得的代数差称为极限

偏差。由于极限尺寸有最大极限尺寸和最小极限尺寸，因此极限偏差有上偏差和下偏差。

(1) 上偏差：最大极限尺寸减其基本尺寸所得的代数差称为上偏差。孔用 ES 表示，轴用 es 表示。

$$ES = D_{max} - D$$

$$es = d_{max} - d$$

式中：D_{max}、D——孔的最大极限尺寸和基本尺寸；

d_{max}、d——轴的最大极限尺寸和基本尺寸。

(2) 下偏差：最小极限尺寸减其基本尺寸所得的代数差称为下偏差。孔用 EI 表示，轴用 ei 表示。

$$EI = D_{min} - D$$

$$Ei = d_{min} - d$$

式中：D_{min}——孔的最小极限尺寸；

d_{min}——轴的最小极限尺寸。

4) 尺寸公差

尺寸公差是指允许的尺寸变动量，简称公差。公差等于最大极限尺寸与最小极限尺寸之代数差的绝对值，也等于上偏差与下偏差之代数差的绝对值。

公差和极限偏差是两个不同的概念。公差大小决定工件尺寸允许变动范围的大小，若公差值大，则允许尺寸变动范围大，因而要求加工精度低；相反，若公差值小，则允许尺寸变动范围小，因而要求加工精度高。极限偏差决定了极限尺寸相对基本尺寸的位置，如图 6-3 所示。

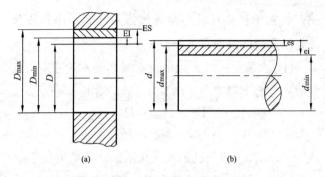

图 6-3　基本尺寸、极限尺寸与极限偏差

(a) 孔；(b) 轴

5) 尺寸公差带

表示零件的尺寸相对基本尺寸所允许变动的范围，叫公差带。用图表示的公差带称为公差带图,如图 6-4 所示。

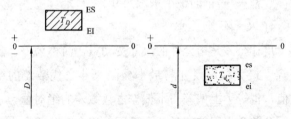

图 6-4　公差带图

由于基本尺寸与公差值的大小相差悬殊，不便于用同一比例在图上表示，为了分析问题方便，以零线表示基本尺寸，相对零线画出上、下偏差，以表示孔或轴的公差带。

在公差带图中，零线是确定极限偏差的一条基准线，极限偏差位于零线上方，表示为正；位于零线下方，表示为负；当与零线重合时，表示偏差为零。

上、下偏差之间的宽度表示公差带的大小，即公差值，此值由标准公差确定。

3. 标准公差与基本偏差

1) 标准公差

标准公差是用来确定公差大小的任意公差。国标(GB)规定对于一定的基本尺寸，其标准公差分为 20 个等级，即 IT01、IT0、IT1 至 IT18。其中，IT 表示标准公差，后面的数字是公差等级代号。IT01 为最高级(即精度最高，公差值最小)，IT18 为最低级(即精度最低，公差值最大)。

2) 基本偏差

基本偏差是指确定公差带相对于零线位置的上偏差和下偏差，一般为靠近零线的那个偏差。国标(GB)规定孔和轴每一基本尺寸段有 28 个基本偏差，并分别用大、小写拉丁字母作为孔和轴的基本偏差代号。

4. 有关配合的术语及定义

配合是指基本尺寸相同、相互结合的孔和轴之间的关系。配合有三种类型，即间隙配合、过盈配合和过渡配合。

1) 间隙与过盈

孔的尺寸减去相配合的轴的尺寸所得的代数差，此差值若为正是间隙，为负是过盈。

2) 间隙配合

具有间隙(包括最小间隙为零)的配合，称为间隙配合。此时，孔的公差带在轴的公差带之上，如图 6-5 所示。由于孔和轴的实际尺寸在各自的公差带内变动，因此装配后每对孔、轴间的间隙也是变动的。

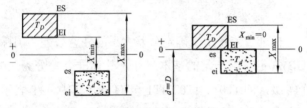

图 6-5　间隙配合

3) 过盈配合

具有过盈(包括最小过盈为零)的配合，称为过盈配合。此时，孔的公差带在轴的公差带之下，如图 6-6 所示。同样，每对孔、轴的过盈也是变化的。

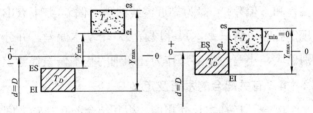

图 6-6　过盈配合

4) 过渡配合

可能具有间隙或过盈的配合，称为过渡配合。此时，孔的公差带与轴的公差带相互交叠，如图 6-7 所示。过渡配合中，每对孔、轴间的间隙或过盈也是变化的。

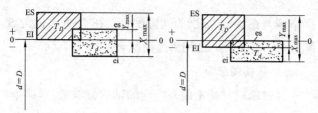

图 6-7　过渡配合

5) 配合公差

允许间隙或过盈的变动量，称为配合公差。它表明配合松紧程度的变化范围。

基准制是国标，表示了孔和轴公差带之间的相互关系。国标规定了两种基准制，即基孔制和基轴制。

5. 基孔制和基轴制

在孔与轴的相互配合之中，变更孔、轴公差带的相对位置，可以组成不同性质、不同松紧的配合。为简化起见，无须将孔、轴公差带同时变动，只要固定一个，变更另一个，就可满足不同使用性能要求的配合，且获得良好的经济效益。因此，根据公差与配合标准和孔与轴公差带之间的相互位置关系，制定了两种基准制，即基孔制与基轴制。

1) 基孔制配合

基孔制是对基本偏差一定的孔的公差带，与不同基本偏差的轴的公差带所形成的各种配合的一种规定，如图 6-8(a)所示。基孔制中的孔称为基准孔，其基本偏差为 h，下偏差为零。轴为非基准轴，不同基本偏差的轴和基准孔可以形成不同种类的配合。轴的基本偏差在 a～h 之间为间隙配合；在 j～h 之间为过渡配合；在 p～zc 之间为过盈配合。

2) 基轴制配合

基轴制是对基本偏差一定的轴的公差带，与不同基本偏差的孔的公差带形成各种配合的一种规定，如图 6-8(b)所示。基轴制中的轴称为基准轴，其基本偏差为 H，上偏差为零。孔为非基准件，不同基本偏差的孔和基准轴可以形成不同种类的配合。孔的基本偏差在 A～H 之间为间隙配合；在 J～H 之间为过渡配合；在 P～ZC 之间为过盈配合。

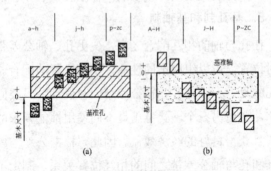

图 6-8 基准制配合

(a) 基孔制；(b) 基轴制

6.2 形状和位置公差

1．基本概念

一个合格的零件除满足尺寸公差外，还应对零件各要素的形状和位置的误差加以限制，给出一个经济、合理的误差允许变动范围，这就是形状与位置公差(简称形位公差)。

(1) 形状误差：指被测实际要素相对其理想要素的变动量。

(2) 形状公差：指单一实际要素的形状相对基准所被允许的变动全量。

(3) 位置误差：指关联实际要素相对其理想要素的变动量。

(4) 位置公差：指关联实际要素的位置相对基准所被允许的变动全量。

2. 形位公差

形位公差项目及符号分别列于表 6-1 中。

表 6-1　形位公差项目及符号

分　类	项　目	符　号	分　类		项　目	符　号
形 状 公 差	直线度	—	位 置 公 差	定 向	平行度	//
	平面度	▱			垂直度	⊥
	圆　度	○			倾斜度	∠
	圆柱度	⌀		定 位	同轴度	◎
	线轮廓度	⌒			对称度	═
	面轮廓度	⌓			位置度	⊕
				跳 动	圆跳动	╱
					全跳动	⫽

3. 形状公差

1) 直线度与平面度

(1) 直线度。

直线度是限制实际直线对理想直线变动量的一项指标，它是针对直线发生不直而提出的要求。

　　根据被测直线的空间特性和零件的使用要求，直线度公差带有给定平面内的公差带、给定方向上的公差带和任意方向的公差带。

　　① 给定平面内的公差带：是距离为公差值 t 的两平行直线之间的区域，如图 6-9 所示。圆柱面的素线有直线度要求，公差值为 0.02 mm。公差带的形状是在圆柱的轴向平面内的两平行直线。实际圆柱面上任意一素线都应位于此公差带内。

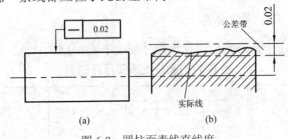

图 6-9　圆柱面素线直线度

(a) 标注示例；(b) 公差带

　　② 给定方向上的公差带：被测表面的给定方向是三个坐标的任意一个方向，公差值是在此方向上给出的，因此其公差带是垂直于此方向的距离为公差值 t 的两平面之间的区域。如图 6-10 所示，两平面相交的棱线只要求在一个方向上的直线度，公差值是 0.02 mm。公差带形状是两平行平面。实际棱线应位于此公差带内。

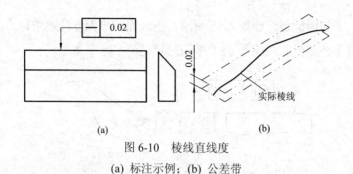

图 6-10 棱线直线度

(a) 标注示例；(b) 公差带

③ 任意方向上的公差带：是直径为公差值 t 的圆柱面内的区域，如图 6-11 所示。ϕd 圆柱面要求轴线直线度，公差值是 0.04 mm，前面加"ϕ"，表示公差值是圆柱形公差带的直径。公差带形状是一个圆柱体。实际圆柱的轴线应位于此公差内。

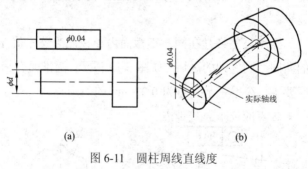

图 6-11 圆柱周线直线度

(a) 标注示例；(b) 公差带

(2) 平面度。

平面度是限制实际平面对其理想平面变动的一项指标。

平面度公差带是距离为公差值 t 的两平行平面之

间的区域，如图 6-12 所示，上表面有平面度的要求，公差值 0.1 mm。公差带的形状是两平行平面。

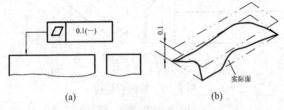

图 6-12　平面度

(a) 标注示例；(b) 公差带

2) 圆度与圆柱度

(1) 圆度。

圆度是限制实际圆对理想圆变动量的一项指标，是对具有圆柱面的零件在一正截面内的圆形轮廓的要求。

圆度公差带是在同一正截面内半径差为公差值 t 的两同心圆之间的区域。如图 6-13 所示，圆锥面有圆度要求，公差带半径差为 0.02 mm 的两同心圆，实际圆上各点应位于公差带内。

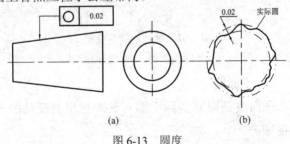

图 6-13　圆度

(a) 标注示例；(b) 公差带

(2) 圆柱度。

圆柱度是限制实际圆柱面对理想圆柱面变动量的一项指标。它是控制圆柱体横截面和轴截面内的各项形状误差，如圆度、素线直线度、轴线直线度等的指标。圆柱度是圆柱体各项形状误差的综合指标。

圆柱度公差带是半径差为公差值 t 的两同轴圆柱面之间的区域。如图 6-14 所示，箭头所指的圆柱面要求圆柱度公差值是 0.05 mm。公差带形状是两同轴圆柱面，它形成环形空间。实际圆柱面上各点只要位于公差带内，可以是任何形态。

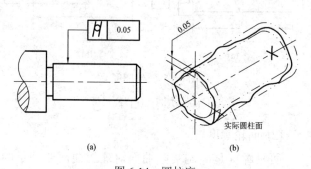

图 6-14　圆柱度

(a) 标注示例；(b) 公差带

3) 线轮廓度和面轮廓度

(1) 线轮廓度。

线轮廓度是限制实际曲线对理想曲线变动量的一项指标，它是对非圆曲线形状精度的要求。

线轮廓度公差带是包络一系列直径为公差值 t

的圆的两包络线之间的区域，而各圆的圆心位于理想轮廓上。在图样上，理想轮廓线、面必须用(放一个方形)框的理论尺寸正确表示出来。如图 6-15 所示，曲线要求线轮廓度公差为 0.04 mm。公差带的形状是与理想轮廓线等距的两条曲线。在平行于正投影面的任一截面内，实际轮廓线上各点应位于公差带内。

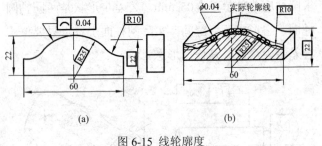

图 6-15 线轮廓度

(a) 标注示例；(b) 公差带

(2) 面轮廓度。

面轮廓度是限制实际曲面对理想曲面变动量的一项指标。它是对曲面形状精度的要求。

面轮廓度公差带是包络一系列直径为公差值 t 的球的两包络面之间的区域，各球的球心位于理想轮廓面上。如图 6-16 所示，曲面要求面轮廓度公差为 0.02 mm。公差带的形状是与理想曲面等距的两曲面。实际面上各点应位于公差带内。

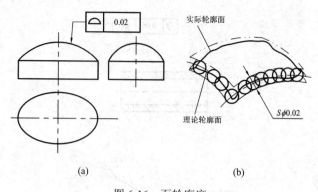

图 6-16　面轮廓度

(a) 标注示例；(b) 公差带

4. 位置公差

位置公差用来限制两个或两个以上要素在方向和位置关系上的误差。位置公差按照要求的几何关系分为定向公差、定位公差和跳动公差三类。

1) 定向公差

定向公差是被测要素对基准在方向上允许的变动量全量，包括平行度、垂直度和倾斜度三类。

(1) 平行度。

平行度公差用来控制零件上被测要素(平面或直线)相对于基准要素(平面或直线)的方向偏离为 0 的程度。

平行度公差带如图 6-17 所示，要求上平面对孔的轴线平行。公差带是距离为公差值 0.05 mm，且平行于基准孔轴线 A 的两平行平面之间的区域，不受平面与轴线的距离约束。实际面上的各点应位于此公差带内。

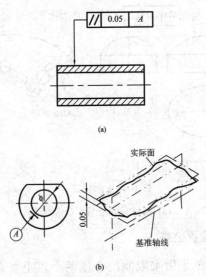

图 6-17 面对线的平行度

(a) 标注示例；(b) 公差带

如图 6-18 所示，要求上孔轴线对下孔轴线在互相垂直的两个方向上平行。ϕD 的轴线必须位于正截面为公差值 0.1×0.2 mm，且平行于基准轴线 C 的四棱

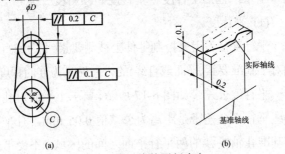

图 6-18 线对线的平行度之一

(a) 标注示例；(b) 公差带

柱内。公差带不受两孔的距离约束。被测实际轴线应位于此四棱柱内。

如果连杆要求上孔轴线对下孔轴线在任意方向上平行，如图 6-19 所示。这时，公差带是直径为公差值 0.1 mm，且平行于基准轴线 A 的圆柱面内的区域。被测实际轴线应位于此圆柱体内，方向可任意倾斜。

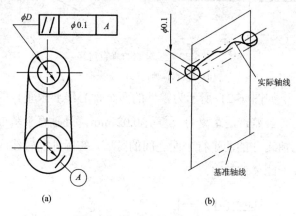

图 6-19　线对线的平行度之二
(a) 标注示例；(b) 公差带

(2) 垂直度。

垂直度公差用来控制零件上被测要素(平面或直线)相对于基准要素(平面或直线)的方向偏离 90° 的程度。

垂直度公差带如图 6-20 所示，为要求 ϕd 轴的轴线对底平面垂直，这里只给定一个方向。公差带是距离为公差值 0.1 mm，且垂直于基准平面 A 的两平行平面之间的区域。实际轴线应位于此公差带内。

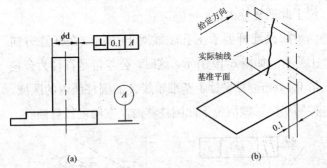

图 6-20　线对面的垂直度
(a) 标注示例；(b) 公差带

　　如图 6-21 所示为零件的两个轴心线要求垂直的孔。公差带是距离为公差值 0.02 mm，且垂直于基准孔轴线 A 的两平行平面之间的区域，实际孔的轴线应位于此公差带内。

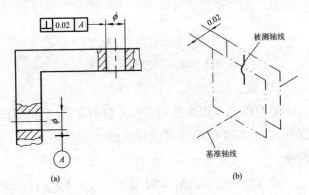

图 6-21　线对线的垂直度
(a) 标注示例；(b) 公差带

(3) 倾斜度。

倾斜度公差用来控制零件上被测要素(平面或直线)相对于基准要素(平面或直线)的方向偏离某一给定角度(0°～90°)的程度。

倾斜度公差带如图 6-22 所示,为要求倾斜表面对基准平面 A 成 45°角。公差带是距离为公差值 0.08 mm,且与基准平面 A 成理论正确角度的两平行平面之间的区域。实际倾斜面上各点应位于此公差带内。

2) 定位公差

定位公差是被测要素对基准在位置上允许的全变动量,包括同轴度、对称度和位置度三类。

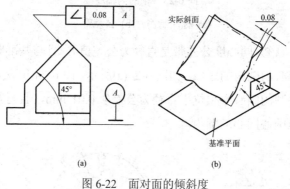

(a)   (b)

图 6-22　面对面的倾斜度

(a) 标注示例；(b) 公差带

(1) 同轴度。

同轴度公差用来控制理论上应同轴的被测轴线与基准轴线的不同轴程度。

① 同轴度公差带是直径为公差值 t，且与基准轴线同轴的圆柱面内的区域。如图 6-23 所示，台阶轴要求 ϕd 的轴线必须位于直径为公差 0.1 mm，且与基准轴线同轴的圆柱面内。ϕd 的实际轴线应位于此公差带内。

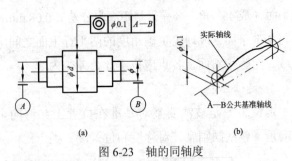

(a)

图 6-23　轴的同轴度

(a) 标注示例；(b) 公差带

② 同心度公差带是直径为公差值 t，且与基准圆同心的圆内的区域，如图 6-24(a)所示。图 6-24(b)表示外圆的圆心必须位于直径为公差值 0.01 mm，且与基准圆心同心的圆内。

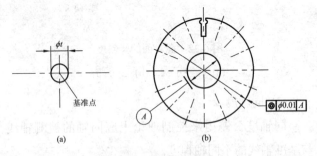

图 6-24　零件的同心度

(2) 对称度。

对称度指示零件上要求共面的被测要素(中心平面、中心线或轴线)与基准要素(中心平面、中心线或轴线)的不重合程度。

对称度公差带是距离为公差值 t，且相对基准中心平面(或中心线、轴线)对称配置的两平行平面(或直线)之间的区域。若给定相互垂直的两个方向，则是正截面为公差值 $t_1 \times t_2$ 的四棱柱内的区域。

如图 6-25 所示，要求槽的中心面必须位于距离为公差值 0.1 mm，且相对基准中心平面对称配置的两平行平面之间。槽的实际中心面应位于此公差带内。

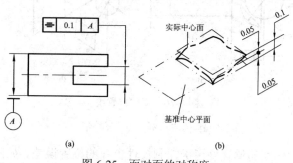

图 6-25　面对面的对称度

(a) 标注示例；(b) 公差带

(3) 位置度。

位置度公差用来控制被测实际要素相对于其理想位置的变动量。理想位置由基准和理论正确尺寸确定。理论正确尺寸是不附带公差的精确尺寸，用以表示被测理想要素到基准之间的距离，在图样上用加方框的数字表示，以便与未注尺寸公差的尺寸相区别。

位置度公差带可分为点、线、面的位置度。

点的位置度用于控制球心或圆心的位置误差。如图 6-26 所示，球 ϕd 的球心必须位于直径为公差值 0.08 mm，并以相对基准 A、B 所确定的理想位置为球心的球内。

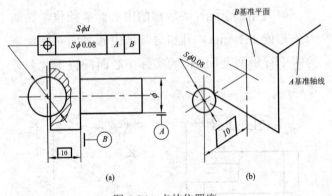

(a)　　　　　　　　　(b)

图 6-26　点的位置度

(a) 标注示例；(b) 公差带

线的位置度用于控制板件上孔的位置误差。如图 6-27 所示，ϕD 孔的轴线要求按基准面定位。$\phi 0.1$ mm 表示公差带是直径为 0.1 mm，且以孔的理想位置为轴线的圆柱面内的区域。其孔的理想位置要垂直于基准面 A，到基准面 B 和 C 的距离要等于理想正确尺寸。孔的实际轴线应位于此圆柱面内。

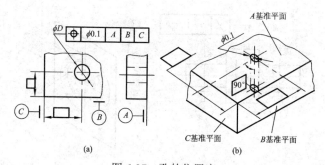

图 6-27　孔的位置度

(a) 标注示例；(b) 公差带

3) 跳动公差

跳动公差是被测实际要素绕基准轴线回转一周或连续回转时所允许的最大跳动量，包括圆跳动和全跳动两种。

(1) 圆跳动。

圆跳动是被测实际要素某一固定参考点围绕基准轴线作无轴向移动，在回转一周的过程中，由位置固定的指示器在给定方向上测得的最大与最小读数之差。它是形状和位置误差的综合(圆度、同轴度等)反映。圆跳动分为径向圆跳动、端面圆跳动和斜向圆跳动。

① 径向圆跳动用于控制圆柱表面任一横截面上的跳动量。如图 6-28 所示，表示零件上 ϕd_1 圆柱面对轴线 $A-B$ 的径向圆跳动，其公差带是在垂直于基准轴线的任意测量平面内，半径差为 t。当 ϕd_1 圆柱面绕基准轴线作无轴向移动回转时，在任一测量平面内的径向跳动量均不得大于公差值 t。

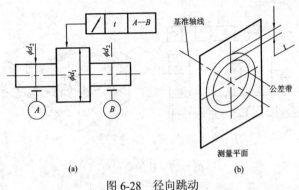

图 6-28 径向跳动

(a) 标注示例; (b) 公差带

② 端面圆跳动用于控制端面任一测量直径处在轴向方向的跳动量。

端面圆跳动公差带如图 6-29 所示, 表示零件的端面对 ϕd 的端面圆跳动, 其公差带是在与基准轴线同轴的任一直径位置的测量圆柱面上, 沿母线方向宽度为 0.05 mm 的圆柱面区域内。轴线作无轴向移动回转时, 在右端面上任一测量直径处的轴向跳动量均不得大于公差值 0.05 mm。

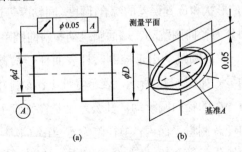

图 6-29 端面圆跳动

(a) 标注示例; (b) 公差带

③ 斜向圆跳动用于控制圆锥面在法线方向的跳动量。

斜向圆跳动公差带如图 6-30 所示,被测圆锥面相对于基准轴线 A,在斜向的跳动量不得大于公差值 t。圆锥面绕基准轴线作轴向移动的回转时,在各个测量圆锥面上的跳动量最大值,作为被测回转表面的斜向圆跳动误差。所以,斜向圆跳动公差带是在与基准轴线同轴的任一测量圆锥面上,沿母线方向宽度为 t 的圆锥面区域内。

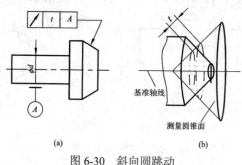

图 6-30 斜向圆跳动

(a) 标注示例; (b) 公差带

(2) 全跳动。

全跳动是对整个表面的形位误差的综合控制。被测实际要素绕基准轴线作无轴向移动的连续回转,同时指示器沿理想轴线连续移动,由指示器在给定方向上测得的最大与最小读数之差。

根据允许变动的方向的不同,全跳动分为径向全跳动和端面全跳动。

① 径向全跳动用于控制整个圆柱表面上的跳动总量。

径向全跳动公差带如图 6-31 所示，ϕD 圆柱面对公共轴线 $A—B$ 的径向全跳动，不得大于公差值 0.2 mm，且与基准轴线同轴的两圆柱面之间的区域。ϕD 表示绕 $A—B$ 作无轴向移动的连续回转，同时，指示器作平行于基准轴线的直线移动，在 ϕD 的整个表面上的跳动量不得大于公差值 0.2 mm。

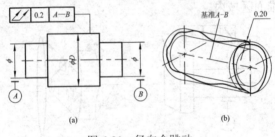

图 6-31　径向全跳动

(a) 标注示例；(b) 公差带

② 端面全跳动用于控制整个端面在轴向方向的跳动总量。

端面全跳动的公差带如图 6-32 所示，表示零件的右端面对圆柱面轴线 A 的端面全跳动量，不得大于公差值 0.05 mm。其公差带是距离为公差值 0.05 mm，且与基准轴线垂直的两平行平面之间的区域。被测端面绕基准轴线作无轴向移动的连续回转，同时，指示器作垂直于基准轴线的直线移动，此时，在整个端面上的跳动量不得大于 0.05 mm。

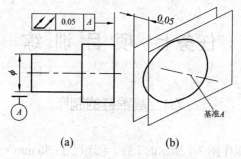

图 6-32 端面全跳动

(a) 标注示例; (b) 公差带

任务七 项目训练

7.1 高跟鞋的制作

制作图 7-1 所示的工件。毛坯尺寸: 36 mm × 36 mm × 4 mm; 材料: 黄铜。

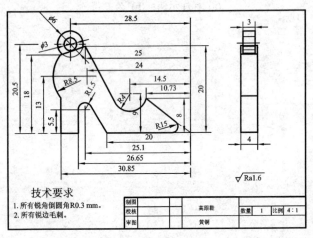

技术要求

1. 所有锐角倒圆角R0.3 mm。
2. 所有锐边毛刺。

制图		高跟鞋		数量	1	比例	4:1
校核							
审图		黄铜					

$\sqrt{}$Ra1.6

图 7-1 高跟鞋

制作步骤如下:

(1) 加工划线基准: 把黄铜板的其中一个角锉成直角, 使其垂直度达到 0.06 mm。

(2) 划线: 按图纸要求把高跟鞋的形状划到铜

板上。

(3) 钻孔：钻 1 个 $\phi 8$ 和 2 个 $\phi 3$ 的通孔(钻孔前在圆心位置上打样冲孔)。

(4) 粗加工：用手锯锯除多余的材料。

(5) 半精加工：用粗齿锉刀加工到形状线附近。

(6) 精加工：用细齿锉刀加工到形状线，棱边倒 0.3 mm 圆角。

根据训练情况，图 7-2 所示饰品可供初始训练选用。

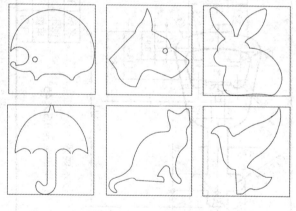

图 7-2　小饰品

7.2　开瓶器的制作

制作图 7-3 所示的开瓶器。毛坯尺寸：55 mm × 37 mm × 3 mm；材料：黄铜。

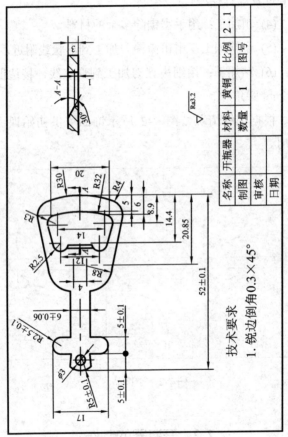

技术要求
1. 锐边倒角0.3×45°

名称	开瓶器		材料	黄铜	比例	2∶1
制图			数量	1	图号	
审核						
日期						

√Ra3.2

图 7-3 开瓶器

制作步骤如下：

(1) 加工划线基准：把黄铜板的其中一个角锉成直角，使其垂直度达到 0.06 mm。

(2) 划线：按图纸要求把开瓶器的形状划到铜板上。

(3) 钻孔：钻 2 个 $\phi6$ 和 2 个 $\phi5$ 的通孔(钻孔前在圆心位置上打样冲孔)。

(4) 钻排孔：在开瓶器内腔形状线附近钻 $\phi3$ 的通孔。

(5) 加工内腔：用錾子錾去内腔多余的材料，用锉刀加工内腔到尺寸。

(6) 粗加工外形：用手锯锯除多余的外形材料，用锉刀加工外形到形状线附近(不能用手锯的地方先钻 $\phi3$ 的排孔，后用錾子錾去多余的材料)。

(7) 精加工外形：用锉刀加工外形到尺寸线，加工内腔斜面，钻 $\phi3$ 吊环孔，棱边倒角。

现代钳工不但要有高超的技能，还要有很强的设计能力，因此在训练操作技能的同时也可以训练设计能力。例如限定开瓶器的内腔尺寸，让训练者自己设计喜欢的外形形状，图 7-4 可作参考。

图 7-4　创意开瓶器

7.3　鸭嘴锤的制作

通过鸭嘴锤的制作，训练学生控制尺寸精度和形位公差的能力。制作如图 7-5 所示的鸭嘴锤。毛坯尺寸：125 mm×24 mm×24 mm；材料：Q235 钢。

制作步骤如下：

(1) 加工三个相互垂直的面作为划线的基准面(用平面锉削的方法完成)。

① 加工一个 24 mm × 120 mm 的面，使其平面度达到 0.05 mm(用平行锉法、交叉锉法和推锉法)。

② 加工另一个 24 mm × 120 mm 的面且与第一次加工好的邻面垂直(用平行锉法、交叉锉法和推锉法，加工中常用刀口直角尺检验)。

③ 加工一个端面，使其与已加工好的两个面垂直。垂直度达到 0.05 mm(用平行锉法、交叉锉法和推锉法，加工中常用刀口直角尺检验)。

(2) 划线：

① 分别以加工好的三个面为基准划出 22 mm 和 116 mm 的尺寸界线。

② 在一个加工好的 24 mm × 120 mm 的面上划出 R10、R6 和 R3.5 的中心线，并用划规划出相应的圆弧线。

③ 划出两圆弧 R6 与 R3.5 之间的相切线。

① 按所划的尺寸界限锯割多余的材料。

② 锯割完成后用锉削的方法分别加工锯割后的面，使其垂直于加工好的基准平面，且垂直度为 0.05 mm，尺寸控制在(22 ± 0.06)mm 和(116 ± 0.5)mm。

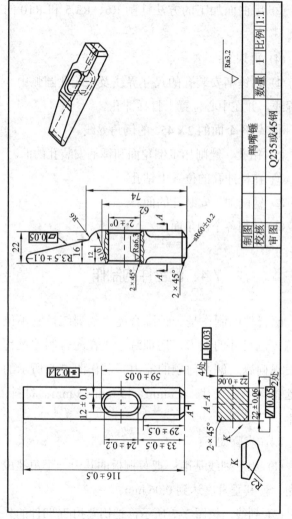

图 7-5　鸭嘴锤

(3) 锯削多余的材料，锉削平面和圆弧。

③ 用曲面加工的方法锉削 R6、R3.5 和 R10 的圆弧。

(4) 再划线：

① 划锤柄安装孔的尺寸界线及安装孔圆弧中心位置线，并在中心位置上打样冲孔。

② 划各个面的 2×45° 的倒角界线。

(5) 钻孔、锉削加工倒角面和锤柄安装孔的面。

① 在样冲孔的位置上钻孔。

② 锉削加工安装孔的面。

③ 锉削各个倒角面。

7.4 配合件的制作

配合件的制作是一种综合能力的训练，它不但训练控制尺寸的能力，还训练学生在配合制作过程中发现问题、解决问题的能力。制作图 7-6 所示的钥匙扣。毛坯尺寸：75 mm×45 mm×3 mm；材料：黄铜。

制作步骤如下：

(1) 加工划线基准：把黄铜板的其中一个角锉成直角，使其垂直度达到 0.06 mm。

(2) 划线：按图 7-7 所示，把钥匙扣凸/凹件的外形划到铜板上。

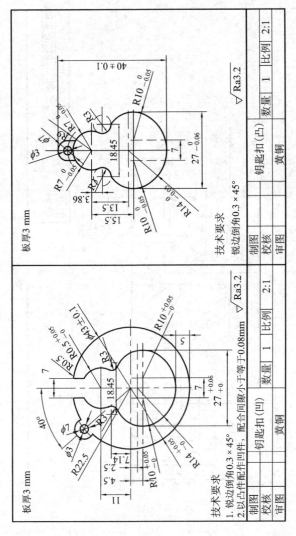

图 7-6 钥匙扣

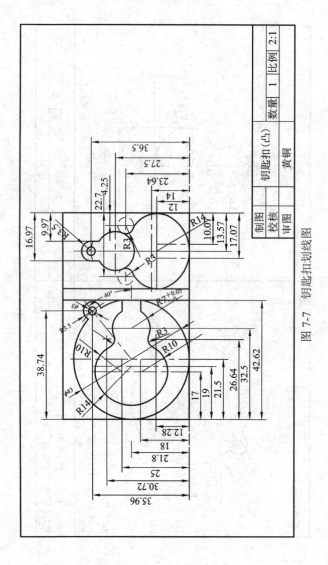

图 7-7　钥匙扣划线图

(3) 钻孔：钻孔前在孔的圆心位置打样冲孔。

① 钻 2 个 ϕ6、2 个 ϕ3 和 1 个 ϕ14 的通孔。

② 在钥匙扣凹件 R14 和 R10 圆弧线附近钻 ϕ3 的排孔。

(4) 去除多余材料。

① 锯下钥匙扣凸件。

② 錾除钥匙扣凹件内腔多余的材料。

③ 锯除钥匙扣凸/凹件多余的材料(凹件开口处不要锯开，等精加工配作时再锯开)。

(5) 精加工钥匙扣凸件到尺寸要求(经常检测尺寸和形状)。

(6) 精加工钥匙扣凹件。

① 精加工钥匙扣凹件外形到要求尺寸。

② 锯开钥匙扣凹件开口处，并半精加工钥匙扣凹件内腔到划线处附近。

(7) 配作加工：以钥匙扣凸件为标准配作凹件内腔。

(8) 所有棱边倒角。

配作注意事项：

(1) 凸件不能用大力挤入凹件，以免产生凹件变形。

(2) 多观察凸件与凹件的配合状态，确定位置后方可加工。

(3) 加工配合尺寸时，每次加工量要小，以免加工过量。

参 考 文 献

[1]　陈宏均. 钳工操作技能手册. 2 版. 北京：机械工业出版社，2004.

[2]　高钟秀. 钳工基本技术. 北京：金盾出版社，1996.

[3]　陈兴奎. 钳工操作技术要领图解. 济南：山东科学技术出版社，2004.

[4]　李光. 钳工. 延吉：延边人民出版社，2002.

[5]　职业技能鉴定教材编审委员会. 钳工(初级、中级、高级). 北京：中国劳动出版社，1996.

[6]　劳动和社会保障部,中国就业培训技术指导中心. 装配钳工. 北京：中国劳动和社会保障出版社，2002.